Strumenti professionali
per il settore turistico

I lettori che desiderano informarsi sui libri da me pubblicati
possono consultare il sito Internet: Tourisming World

Antonio Scianatico

Matematica finanziaripergli operatori turistici

Teoria e concetti chiave

Sommario

PREFAZIONE

Il volume fornisce una trattazione completa dei concetti fondamentali di matematica finanziaria per le applicazioni economiche e finanziarie. Lo scopo dell'autore è di rivolgersi alla maggioranza degli operatori turistici e anche a coloro che si avvicinano agli argomenti di analisi matematica con il timore di non essere a priori in grado di comprendere a fondo l'argomento. Il testo non richiede conoscenze matematiche avanzate, può dunque essere utilizzato da coloro che professionalmente operano in ambito non manageriale nelle aziende turistiche, nonché per chi ricerca un testo introduttivo alla materia pur non possedendo familiarità con i concetti di regimi finanziari, rendite, ammortamenti. La materia è trattata con taglio applicativo, vengo presentati argomenti attinenti alle necessità operative degli operatori turistici e alle applicazioni aziendali.

In questo volume vengono trattati in forma chiara e sintetica i seguenti argomenti:

- regimi di capitalizzazione;
- trasferimento dei capitali nel tempo (attualizzazione e capitalizzazione di flussi di cassa);
- rendite;
- costituzione di un capitale;
- ammortamento di un debito.

Al fine di offrire libri sempre più aggiornati e completi, il parere dei lettori è per l'autore estremamente prezioso. Pertanto, il lettore potrà esprimere il suo parere e suggerimenti sul sito di Tourisming World. I suggerimenti così inviati costituiscono per l'autore un valido aiuto per offrire strumenti sempre validi nella formazione degli operatori turistici. L'autore ringrazia anticipatamente per la fattiva collaborazione.

Tourisming World nasce per rispondere alle esigenze degli operatori turistici e di quelle aziende ricettive e ristorative che hanno capito l'importanza della competenza nel servizio offerto. Ci occupiamo di consulenza nelle costruzioni di nuove aperture, ristrutturazioni di strutture storiche, formazione professionale, controllo qualità, analisi di fattibilità economica e pubblicazione di manuali operativi.

L'Autore

LA MATEMATICA FINANZIARIA

La matematica finanziaria

La Matematica finanziaria è un ramo della Matematica, si occupa di trasferimenti di denaro disponibili in epoche diverse. Oggetto della Matematica finanziaria sono le operazioni finanziarie.

Le principali operazioni analizzate dalla matematica finanziaria consistono nelle seguenti:

- *capitalizzazione:* operazioni di trasferimento in avanti nel tempo dei valori monetari. Questo campo di studio è oggetto della Matematica finanziaria in senso stretto.

- *attualizzazione:* operazioni di trasferimento indietro nel tempo dei valori monetari. Questo campo di studio è oggetto della Matematica attuariale.

Nelle operazioni svolte in ambito creditizio, l'importo C identifica il capitale impiegato, investito o anticipato dal creditore nell'istante temporale t_1. L'importo M identifica il *montante*, ossia il capitale dovuto alla scadenza dell'operazione finanziaria nell'istante temporale successivo t_2. L'incremento del capitale iniziale è detto *interesse* (I).

Nelle operazioni attuariali, l'importo C identifica il *valore attuale* al tempo t_1. L'importo M è il capitale al tempo t_2. L'anticipo del capitale M dal tempo t_2 al tempo t_1 è detto *sconto*.

Le operazioni finanziarie

Per operazione finanziaria si intende quella operazione nella quale avviene uno scambio di denaro (c.d. *capitali*) in istanti temporali differenti. Rispetto al soggetto che valuta l'operazone finanziaria, l'importo ha segno negativo se costituisce un'uscita e segno positivo se costituisce un'entra.

Le operazioni finanziarie vengono classificate come segue:

- *operazione finanziaria semplice*: (detta anche elementare) risultano dallo scambio tra una sola prestazione e una sola controprestazione;

- *operazioni finanziarie complessa*: risulta dallo scambio tra 1 o più sola prestazioni e una o più controprestazioni.

  Il leasing, il rimborso di un debito, la costituzione di un capitale sono operazioni complesse;

- *a pronti*: il prezzo dell'operazione finziaria viene pagato nel momento in cui esso viene concordato tra le parti;

- *a termine*: il prezzo dell'operazione finanziaria viene pagato in un'epoca sucessiva quella in cui è concordato;

- *certa*: avviene in condizioni di certezza, cioè tutti gli elementi della funzione (I, t) sono determinati;

- *aleatoria*: avviene in condizioni di incertezza, quando non viene determinato uno degli elementi della coppia (I, t).

  In questo tipo di operazione gli importi (controprestazione) sono legati al verificarsi o meno di determinati eventi aleatori. Sono pertanto legati al calcolo delle probabilità.

Il fattore tempo delle operazioni finanziarie

Tutte le operazioni finanziarie sono sempre legate al fattore tempo, detto *epoca*, che può rappresentarsi graficamente mediante una retta orientata, detta asse dei tempi, nella quale:

4

- il verso della retta indica il trascorrere del tempo;
- l'origine rappresenta l'istante in cui si incomincia a contare il tempo;
- l'unità di misura è l'unità di tempo prescelta (anno, semestre, mese....).

$$\longmapsto_{t} \longmapsto_{h}$$

Gli elementi fondamentali di un'operazione finanziaria sono gli *importi* e le *scadenze*. Ad esempio, dati due importi C e M in istanti temporali diversi, questi importi possono essere scambiati mediante una operazione finanziaria.

Le operazioni possono essere di investimento o di sconto.

Le *operazioni di impiego* (anche dette investimento) sono fruttifere di interessi perché alla loro scadenza il capitale (*montante*) supera la somma (S) impiegata inizialmente.

In queste operazioni noto il capitale inziale (C) deve determinarsi il capitale finanale detto montante (M).

Alla scadenza vale la relazione tra il montante e il capitale inziale:

$$M \geq C$$

Graficamente possiamo rappresentare l'operazione di impiego come segue:

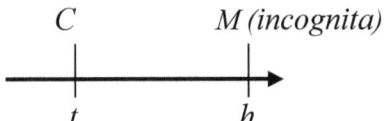

$$\begin{array}{cc} C & M\ (incognita) \\ \mid & \mid \\ t & h \end{array}$$

Nelle *operazioni di sconto* (dette anche di anticipazione o di finanziamento) noto il montante deve determinarsi l'importo disponibile alla data concordata detta epoca.

Graficamente possiamo rappresentare l'operazione di impiego come segue:

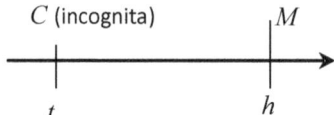

Da quanto detto, un capitale spostato in avanti nel tempo si trasforma in *montante*, se spostato indietro nel tempo si trasforma in *valore scontato*. Pertanto, è necessario individuare le formule che consentono di anticipare o di posticipare ciascuna prestazione finanziaria.

I soggetti che agiscono nelle operazioni economico-finanziarie sono i segunti:

- *Creditore*: (o mutuante) soggetto che dispone del capitale monetario. Questo soggetto dispone del capitale monetario ed offre una "prestazione", ossia cede il capitale di sua proprietà alla controparte che lo richiede.

- *Debitore*: (o mutuatario) soggetto che necessita del capitale monetario. Questo soggetto riceve il capitale e a sua volta risponde con una "controprestazione" che consiste nel rendere nel tempo il capitale ricevuto, maggiorato dagli interessi.

- *Intermediario:* il terzo soggetto presente nelle operazioni finanziarie del settore creditizio (es. banca, istituto creditizio).

I REGIMI DI CAPITALIZZAZIONE

Definizione

Il *regime di capitalizzazione* (o finanziario) si intende l'operazione di differimento in avanti o indietro nel tempo, di una disponibilità monetaria immediata. La capitalizzazione consiste nel determinare gli interessi scaturiti dal prestito di una somma di denaro.

Il regime trova applicazione nei contratti di prestito e di mutuo, cioè si determina ogni qual volta persone o imprese, avendo bisogno di denaro, trovano qualcuno disposto a prestare loro, per un certo periodo di tempo, una somma.

I soggetti considerati nella capitalizzazione sono:

- mutuante o creditore: colui che dà in prestito il denaro
- mutuatario o debitore: colui che riceve in prestito il denaro

Vengono definiti due tipi regime di capitalizzazione:

- *regime di capitalizzazione semplice*, nel quale l'interesse non è fruttifero perché è solo il capitale iniziale a fruttare. Il periodo di capitalizzazione coincide con il periodo di impiego, di conseguenza il periodo di capitalizzazione coincide con il periodo di impiego.

- *Regime di capitalizzazione composta*, in cui l'interesse è fruttifero perché alla fine di ogni periodo si aggiunge al capitale iniziale e produce a sua volta, un interesse nei periodi successivi. Capitalizzare gli interessi significa sommarli al capitale iniziale facendoli diventare fruttiferi.

In questo caso il periodo di capitalizzazione è minore del periodo di impiego, di conseguenza gli interessi si capitalizzano ogni volta che termina un periodo di capitalizzazione all'interno del periodo di impiego.

Nel regime di capitalizzazione a interesse semplice, l'interesse è sempre direttamente proporzionale al capitale iniziale e al tempo.

Nel regime di capitalizzazione a interesse composto, al termine di ogni periodo, il capitale impiegato incorpora gli interessi maturati, in modo che l'interesse che si forma in ogni istante è proporzionale al montante accumulato nel periodo precedete.

Nella pratica, il regime di capitalizzazione semplice è poco utilizzato e solo per periodi brevi di tempo, generalmente inferiori all'anno, lo si segue se il periodo di impiego è un multiplo del periodo di capitalizzazione, se il periodo di impiego non è un multiplo del periodo di capitalizzazione, si segue il regime di capitalizzazione mista.

Nei contratti che vengono stipulati con gli istituti di credito viene stabilito il regime di capitalizzazione a cui fare riferimento ed il compenso per il capitale prestato. La misura di tale compenso è regolata dal *tasso unitario di interesse*, definito come la misura del compenso relativo ad una unità di capitale riferita ad una unità di tempo.

Il periodo di riferimento del tasso è definito come l'unità di tempo cui si riferisce il tasso unitario, mentre il periodo di impiego rappresenta la durata dell'operazione che deve essere effettuata.

Infine, il periodo di capitalizzazione indica il periodo di tempo al termine del quale è disponibile l'interesse, che se l'interesse non pagato diventa capitale, producendo a sua volta interessi.

Il fattore di capitalizzazione

La capitalizzazione è il trasferimento di denaro in avanti nel tempo ed è possibile rappresentare come segue:
Al tempo t_0 viene investita una somma di denaro, capitale iniziale (C), che verrà resa disponibile alla conclusione dell'investimento al tempo $t = 1$ sottoforma di montante (M).

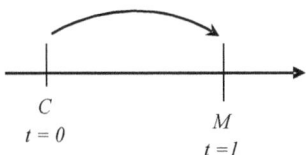

Il rapporto tra il capitale investito e quello maturato dopo l'investimento, darà origine ad un generico *fattore di montante* (f) (detto anche di *capitalizzazione*)..
Si avrà quindi:

$$f = \frac{M}{C}$$

Dalla quale

$$M = Cf$$

Il fattore f moltiplicato per il capitale inziale, restituisce il montante finale. Gli interessi ottenuti dall'investimento sono dati dalla seguente differenza:

$$I = M - C$$

Sostituendo il montante nella formula

$$I = Cf - C$$

da cui

$$I = C(f-1)$$

Il regime di interesse semplice

La capitalizzazione semplice si chiama così perché l'interesse viene calcolato sempre sul capitale iniziale. L'interesse viene detto semplice poiché proporzionale al capitale e al tempo. Ovvero gli interessi maturati da un dato capitale nel periodo di tempo considerato, non vengono aggiunti al capitale che li ha prodotti e, quindi, non maturano a loro volta interessi.

L'interesse semplice viene calcolato secondo la formula:

$$I = C \, i \, t$$

C = capitale; i = tasso di interesse; t = tempo in anni

Dalla quale si deduce che l'interesse semplice è proporzionale al capitale (C), tempo (t) al tasso di interesse (i).

Quando la durata (t) è frazionata, in questo caso il tempo si calcola:

$$t = n + \frac{m}{12} = + \frac{g}{60}$$

Dove

n = numero intero di anni

m = frazione d'anno corrispondente al numero di mesi

g = frazione d'anno corrispondente al numero di giorni.

Il tasso i è il tasso non in percentuale[i] (per es. 0,035 per dire il 3,5%) e t è il tempo in anni (altrimenti nel calcolo dobbiamo inserire $m/12$ per i mesi e $g/365$ per i giorni).

Entrambi i fattori *i* e *t* si devono riferire sempre allo stesso periodo: quindi se *t* è in anni, *i* deve essere il tasso annuo (non in percentuale).

Esempio

In un'operazione finanziaria viene impiegato un capitale di 4500€ per 2 anni ad un tasso del 2,3 % annuo. Quale sarà il realizzato alla fine dell'operazione?

Svolgimento

L'interesse del primo anno risulta:

$$4500 \times 0,023 = 103,5 \ €$$

Al secondo anno l'interesse risulta:

$$4500 \times 0,023 = 103,5 \ €$$

Il montante semplice

Il montante di un capitale è la somma del capitale e dei relativi interessi maturati. L'interesse al momento della riscossione viene sommato al capitale, diventando montante.

In un determinato periodo di tempo, il montane viene calcolato dalla seguente formula:

$$M = C + I$$

Da cui

$$M = C + C \, i \, t = C \, (1 + i \, t)$$

nel caso di un capitale unitario (dove $C = 1$), abbiamo:

$$r = 1 + i\,t$$

dove r è il *fattore di capitalizzazione* semplice oppure *fattore di montante semplice*.

I problemi inversi della capitalizzazione semplice

Dalle formula per il calcolo del montante possiamo ottenere i fattori incogni come segue:

$$C = \frac{M}{1 + i\,t}\ ;$$

$$I = \frac{M - C}{Ct}\ ;$$

$$t = \frac{M - C}{Ci}$$

Esempio

In un'operazione finanziaria viene impiegato un capitale di 4500€ per 2 anni ad un tasso del 2,3 % annuo. Quale sarà il realizzato alla fine dell'operazione?

Soluzione

L'interesse del primo anno risulta:

$$4500 \times 0{,}023 = 103{,}5\ €$$

Al secondo anno l'interesse risulta:

$$4500 \times 0,023 = 103,5 \text{ €}$$

Al termine dell'operazione, il montante montate risulta:

$$M = 4500 + (103,5 \times 2) = 4.707 \text{ €}$$

ESEMPIO
Trovare il montante e gli interessi dell'investimento del capitale di euro 1.500 per 60 giorni al tasso di interesse annuo del 5%.
Svolgimento
Il montante viene calcolato come segue

$$M = 1.500 \times (1 + 60/365 \times 0,05) = 1.512,33 \text{ euro}$$

pertanto gli interessi saranno:

$$I = 1.500 \times 60/365 \times 0,05 = 12,33 \text{ euro}$$

Gli interessi vengono calcolati come segue:

$$I = \text{montante} - \text{capitale} = \text{interessi}$$

$$I = 1.512,33 - 1.500 = 12,33 \text{ euro}$$

Esempio

Un risparmiatore versa presso un istituto di credito 2500 euro. Si conviene che tale capitale venga remunerato in regime di interesse semplice al tasso annuo i = 2,1%.
Determinare gli interessi maturati dopo 7 mesi.
Svolgimento.
In regime di interesse semplice, l'interesse viene calcolato in base alla formula

$$I = C\,i\,t$$

dove
C = capitale iniziale
i = tasso annuo;
t = durata dell'operazione espressa in anni.

Nel caso il tempo sia espresso in mesi (m), tale formula diviene

$$I = C\,i\,\frac{m}{12}$$

Sostituendo i dati dell'esercizio nell'espressione precedente, si ottiene:

$$I = 2500 \times 0.021 \times \frac{7}{12} = 367.50 \text{ euro}$$

La capitalizzazione composta

La capitalizzazione composta consiste nella capitalizzazione periodica degli interessi, il montante viene riutilizzato come capitale iniziale per il periodo successivo, ovvero anche l'interesse produce interesse.

In questo regime il tempo di impiego di un capitale è suddiviso in più periodi e, alla fine di ognuno di essi, l'interesse semplice, prodotto dal capitale esistente all'inizio del periodo si aggiunge al capitale e, insieme ad esso, produce interesse nei periodi successivi. Il capitale al tempo t è pari al montante al tempo t-1. Il montante al tempo 0 è pari al capitale iniziale C per cui gli interessi al tempo t sono dati dal calcolo dell'interesse sul montante al tempo t-1.

La capitalizzazione composta si dice:

- *annua*, se il periodo di capitalizzazione è l'anno e il tasso è annuo;
- *frazionata*, se il periodo di capitalizzazione è inferiore all'anno (trimestre, semestre, quadrimestre, bimestre, mese).

Il montante nella capitalizzazione composta

Si consideri t = 1, calcoliamo il montante al primo anno M_1

$$M_1 = C \ (1 + i)$$

Il montante al secondo anno M_2 viene calcolato applicando l'interesse sul nuovo capitale:

$$M_2 = M_1 \ (1 + i) = C \ (1 + i) \ (1 + i)$$

$$M_2 = C \ (1 + i)^2$$

quello al terzo anno M_3

$$M_3 = M_2 \ (1 + i)^2 = C \ (1 + i)^2 \ (1 + i)$$

$$M_3 = C \ (1 + i)^3$$

Procedendo in modo analogo per n anni il montante sarà

$$M_n = C \, (1 + i)^n$$

il fattore $(1 + i)^n$ è detto fattore di capitalizzazione composta.

Il montante a interesse composto si calcola moltiplicando il capitale per il fattore di capitalizzazione composta $(1 + i)^n$. Quando è irrilevante specificare i, il binomio $(1 + i)$ si può indicare con la lettera r, ponendo $r = 1 + i$, da cui

$$M_n = C \, r^n$$

Esempio

In un'operazione finanziaria viene impiegato un capitale di 4500 € per 2 anni ad un tasso del 2,3 % annuo. Quale sarà il capitale realizzato alla fine dell'operazione?

Svolgimento

Al primo anno l'interesse risulta:

$$4500 \times 0{,}023 = 103{,}5 \; €$$

al secondo anno l'interesse risulta calcolato sul montante

$$(4500 + 103{,}5) \times 0{,}023 = 105{,}8805 \; €$$

al termine l'operazione avrà fruttato un capitale come segue:

$$M = 4500 + 103{,}5 + 105{,}8805 = 4709{,}3805 \; €$$

Problemi inversi della capitalizzazione composta

$$i = (M/C)^{-n} - 1 \qquad tasso\ annuo$$

$$C = \frac{M}{(1+i)^n} \qquad capitale\ annuo$$

$$t = \frac{log\ (M/C)}{log\ (1+i)} \qquad tempo$$

Esempio

Tra le applicazioni economiche del regime di capitalizzazione composta possiamo ricordare la misurazione della **variazione** annuale del PIL, il Prodotto Interno Lordo, l'indicatore più usato per sintetizzare rapidamente il grado di benessere di una nazione. Quando si dice che il PIL del Paese è cresciuto del 5% per 10 anni, si intende che durante i 10 anni presi in considerazione, ogni anno il PIL è aumentato del 5% rispetto all'anno precedente, non rispetto all'anno di partenza. Il montante M in questo caso è il PIL del decimo anno, il capitale C è il PIL del primo anno.
Risulta quindi

$$M = C \times (1{,}05)^{10} = C \times 1{,}63$$

cioè il PIL al termine dei 10 anni analizzati è aumentato del 63% rispetto a quello del primo anno.

Il montante per frazioni di anni

Nella capitalizzazione semplice il problema dei tempi non interi si risolve esprimendo il tempo come frazioni di periodo. Questo è possibile data la linearità dell'interesse rispetto al tempo, ma non è possibile nella capitalizzazione composta e il problema si risolve con due approci differenti dette *convenzioni*.

Nel calcolo del montante in un periodo di investimento pari a

$$t = n + f$$

nel quale

$$n \text{ intero e } 0 < f < 1$$

il fattore di montante risulta:
- convenzione lineare: $r\,(t) = (1+i)^n\,(1+if)$
- convenzione esponenziale: $r\,(t) = (1+i)^t = (1+i)^{n+f}$

Il calcolo del montante in caso di anni non interi è possibile calcolarlo con due formule:

la prima prende il nome di *capitalizzazione mista*

$$M_t = C\,(1+i)^n\,(1+if)$$

dove n è il numero di anni e f rappresenta una frazione propria di anno. Questa formula ha lo svantaggio di non essere facilmente risolvibile nel regime dei tempi.

La seconda detta *convenzione lineare* viene utilizzata perchè la formula risulta più semplice algebricamente parlando:

$$M = C\,(1+i)^t$$

dove $t = n + f$

Esempio

Quattro anni fa Tizio concesse in prestito la somma di 600 euro al tasso annuo del 7%. Inoltre, concesse ancora in prestito, due anni e 5 mesi fà, la somma di 1400 al tasso annuo dell'8,2%. Determinare il montante complessivo incassato oggi.

Svolgimento

La somma complessiva che Tizio incassa oggi è data dalla capitalizzazione delle due somme, rispettivamente per quattro anni e 2 anni e cinque mesi, dei due prestiti concessi.

Per tanto si avrà:

$$M = 600 \times (1 + 0,07 \times 4) + 1400 \times (1 + 0,082 \times \frac{29}{12})$$

$$M = 2445,4333€$$

Confronti tra il montante semplice e composto

Si consideri le formule del montante a interesse semplice e composto:

- semplice: $M = C\,(1 + it)$
- composto: $M = C\,(1 + i)^t$

Inizialmente il montante è lo stesso, infatti corrisponde al capitale iniziale $t=0$, e dopo un anno sono ancora identiche e nel primo anno i due tassi sono identici.

A parità di capitale iniziale (C) nel primo anno $t = 1$

$$C\,(1 + it) = C\,(1 + i)^t$$

Otteniamo

$$(1 + it) = (1 + i)^t$$

Il montante ad interesse semplice è più alto per periodi inferiori all'anno, mentre è più alto quello ad interesse composto per periodi superiori all'anno.

L'operazione di attualizzazione

Questa operazione è l'inverso della capitalizzazione, permette di trasferire del denaro indietro nel tempo, ad esempio nelle operazioni di finanziamento.
Nell'attualizzazione viene anticipata ad una certa data una somma che si avrà tra n anni.

Graficamente l'attualizzazione è possibile descrivere:

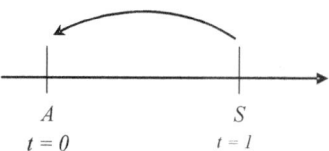

Nelle operazioni di attualizzazione la somma di denaro indicata con (A) (*valore attuale*) al tempo t=0 verrà restituita, *somma a scadenza* (o *valore nominale*) indicata con (S), generalmente maggiore del valore attuale.
Anche in questo caso il rapporto tra valore attuale e somma a scadenza definisce un *fattore di sconto* o di attualizzazione (β)

$$\beta = \frac{A}{S}$$

Dalla quale

$$A = S\beta$$

Nell'attualizzazione non si calcolano gli interessi, ma lo sconto ossia la somma che si trattiene chi anticipa il capitale dal tempo 1 al tempo 0.

I TASSI DI RIFERIMENTO

Euro interest rate swap

Il tasso interbancario EURIRS detto anche IRS viene utilizzato come parametro di indicizzazione unicamente nei mutui ipotecari a tasso fissl.

Le formule di finanziamento che gli istituti di credito garantiscono ai clienti possono andare da un anno fino ad addirittura 30 anni, gli SWAP sono gli accordi dell'istituto con soggetti disposti ad accollarsi il rischio nell'eventualità subentrasse un intento speculativo e a tutelare il credito degli istituti contro l'eventualità di rimetterci qualora i tassi si alzassero e il costo del denaro diventasse superiore alla rata fissata pagata dal mutuatario.

Il soggetto che accetta il rischio per 12 mesi, concluderà a tassi più bassi di chi prenderà in carico lo stesso per 30 anni, di conseguenza più è lungo il periodo di finanziamento a tasso fisso garantito dagli istituti di credito più sarà alto il relativo interesse.

Le quotazioni dell'IRS dipendono dai mercati dei tassi a lungo termine. Il loro andamento coincide con quello degli investimenti obbligazionari di pari durata.

Il tasso, viene calcolato e diffuso giornalmente dalla Federazione Bancaria Europea (European Banking Federation) ed è pari ad una media ponderata delle quotazioni alle quali le banche operanti nell'Unione Europea realizzano l'Interest Rate Swap.

Euro inter bank offered rate

Il tasso EURIBOR è il tasso interbancario di offerta in euro. Il tasso viene diffuso giornalmente dalla Federazione Bancaria Europea come media ponderata dei tassi di interesse ai quali le Banche operanti con il maggiore volume d'affari dell'area Euro (oltre 50) cedono i depositi in prestito. Il tasso è calcolato su una base di 360 giorni all'anno per durate di tempo differenti, che variano tra una settimana e un anno il cui valore è crescente con la durata del prestito: un Euribor a un anno (indicato come EUR 12M) è maggiore di un Euribor a 6 mesi (EUR 6M), e questo è maggiore di un Euribor a 3 mesi (EUR 3M).

Il tasso poiché utilizzato dagli istituti bancari per comprare e vendere denaro, rappresenta un'indicazione molto affidabile del costo del denaro a breve termine. Per tale ragione l'Euribor è spesso usato come tasso base per calcolare interessi dei mutui ipotecari a tasso variabile.

Tasso effettivo globale medio

Il tasso T.E.G.M. viene definito dalla Banca d'Italia, per ciascun tipo di operazione e classe di importo: aperture di credito in conto corrente, scoperto senza affidamento, anticipi e sconti, factoring, lasing, crediti personali, mutui a tasso fisso/variabile, prestiti contro cessione del quinto dello stipendio e della pensione, credito revolving, credito finalizzato.

Il tasso di interesse viene pubblicato ogni tre mesi dal Ministero dell'Economia e delle Finanze. Rappresenta il parametro in base al quale è possibile calcolare la soglia del tasso usurario vietato dalla legge (cod. pen. Art. 644). Per calcolare se un tasso di interesse applicato è usuraio, bisogna individuare tra tutti i TEGM pubblicati quello dell'operazione di affidamento, maggiorarlo della metà (ossia TEGM x 1,5) stabilendo i c.d. "tasso soglia" superato il quale l'operazione deve essere considerata usuraia. Per il calcolo del

TEGM si dovranno tenere in considerazione le commissioni, le spese e le remunerazioni, mentre escludere le imposte, le tasse legate al credito erogato.

La legge numero 108/96, determina che: il tasso effettivo globale medio, in base al credito "compreso", dev'essere aumentato del 1,5% e se supera la soglia minima è da considerarsi usuraio. Inoltre, per obbligo e rispetto verso tutti i clienti, le banche e le varie finanziarie, sono obbligate per legge, a comunicare al pubblico il TEGM.

Nel caso in cui il contratto prevede interessi che superano la soglia prevista dall'indice TEGM., la clausola va ritenuta nulla e il cliente non deve pagare gli interessi e può richiedere il risarcimento se il tasso applicato è usuraio.

Tassi Banca Centrale Europea

Tassi di riferimento della Banca Centrale Europea (BCE). Rappresentano i tassi ai quali la Banca Centrale Europea concede prestiti alle banche operanti nell'Unione Europea.

Attraveerso i tassi la BCE esprime le decisioni in materia di politica monetaria in quanto hanno un enorme influenza sui mercati finanziari dell'Eurozona, sui tassi di cambio, sul costo dei finanziamenti e del debito sovrano nell'Eurozona.

Al termine della prima riunione di ogni mese, il direttorio della Bce stabilisce di tre tassi:

* tassi di interesse sulle operazioni di rifinanziamento principali;
* tassi di interesse sulle operazioni di rifinanziamento marginale;
* tassi di interesse sui depositi presso la banca centrale;

I tassi di interesse sulle operazioni di rifinanziamento principali è applicato alla maggior parte delle operazioni con la quale la BCE fornisce liquidità all'intera Eurozona, di conseguenza regola il costo dell'euro e dei finanziamenti in tutta l'area della moneta unica.

Questi tassi di interesse legano la Bce alle controparti bancarie e influenzano il tasso EURIBOR nei prestiti reciproci tra le banche dell'Eurozona.

La maggior parte dei mutui immobiliari a tasso variabile dipende dalle oscillazioni dei tassi di interesse Euribor, per cui le decisioni della BCE si riflettono direttamente sulla rata dei mutui dei cittadini dell'Eurozona che hanno scelto questa forma di finanziamento.

Saggio d'interesse legale

Tasso stabilito anno per anno dal Ministero del Tesoro tenuto conto del rendimento medio annuo lordo dei titoli di Stato inferiore ai 12 mesi e all'inflazione registrata nell'anno in corso.

Il tasso viene stabilito entro il 15 dicembre di ogni anno per l'anno successivo e reso pubblico dal Ministero del Tesoro tramite decreto ministeriale pubblicato sulla Gazzetta Ufficiale facoltativamente entro il 15 dicembre dell'anno precedente.

Il Tasso viene applicato nei rapporti tra Stato e cittadini (esempio nelle pendenze con il fisco) e nei contratti per i quali le parti (banche, imprese) non hanno stabilito un tasso diverso.

Spread

Per stablire il tasso di interesse nei contratti di mutuo a tasso variabile e a tasso fisso, la banca somma ai tassi di riferimento un'aliquota detta "spread", che rappresenta il guadagno dell'istituto di credito.

Il tasso di riferimento o di indicizzazione è un dato "oggettivo" ovvero le singole banche non hanno la possibilità di definirlo in modo arbitrario, e vale per tutte le banche, in riferimento allo stesso periodo di tempo. Lo spread invece viene deciso dalla banca autonomamente, dato che costituisce il guadagno per il "servizio" offerto ai mutuatari, che si va ad aggiungere al tasso al quale avviene l'approvvigionamento del denaro sul mercato interbancario.

Il tasso di riferimento cambia a seconda della tipologia di mutuo. Se il mutuo è a tasso fisso si farà riferimento al tasso EURIRS, se il mutuo è a tasso variabile all'EURIBOR. Per un mutuo a tasso variabile si dovrà rimborsare un tasso fissato con il criterio: EURIBOR + SPREAD. In questo tipo di mutuo l'EURIBOR rappresenta la componente variabile del tasso, mentre lo spread la parte fissa che rimarrà invariata per tutta la durata del mutuo. In questo caso gli spread applicati sono bassi, il motivo risiede nel fatto che i mutui essendo coperti da ipoteca, comportano rischi modesti di insoluto per la banca che quindi può permettersi di applicare spread contenuti.

Per i mutui a tasso fisso, esso rappresenta la quota aggiuntiva che si applica al parametro di riferimento IRS (tasso di riferimento per mutui a tasso fisso): IRS + SPREAD. In questo caso, poichè il tasso è fisso, lo spread viene utilizzato unicamente il giorno della firma del contratto di mutuo, in seguito il tasso applicato non potrà subire modifiche.

Tasso di ingresso

E' il tasso applicato ai mutui da alcune banche per un breve periodo iniziale in genere da sei mesi ad un anno alcune anche fino a 5 anni massimo, terminato il quale viene impiegato quello normale di solito più elevato. L'applicazione di questo tasso, molto basso rispetto a quello utilizzato per il resto del finanziamento, ha lo scopo di favorire i clienti garantendo rate del mutuo inferiori almeno nella prima parte del piano di ammortamento e di contenere le spese almeno all'inizio.

Il tasso di ingresso è un tasso transitorio che si applica sia ai mutui a tasso variabile e sia a quelli a tasso fisso, il tasso effettivo (variabile o fisso) che poi sarà applicato determinerà la rata reale del mutuo.

Tasso annuo effettivo

Il TAN è il tasso di interesse che si applica a un finanziamento, rappresenta la somma in più che va riconosciuta al finanziatore al termine dell'anno maturata sull'importo erogato. Il tasso va utilizzato come termine di paragone con il tasso di rendimento delle attività finanziarie, con il tasso di sconto, ecc. Per il calcolo deve considersi che il TAN è un tasso periodale, di conseguenza deve essere moltiplicato per il numero di periodi in cui l'anno è ripartito. Un tasso trimestrale del 3%, il TAN sarà pari al 12% (3% moltiplicato per 4). Da considerare che il TAN non coincide con il tasso annuo effettivo, quest'ultimo sarà maggiore per effetto della capitalizzazione trimestrale. Questo indicatore non comprende gli oneri accessori, ovvero tutte le spese aggiuntive da sostenere per la stipula del contratto di finanziamento.

Tasso annuo effettivo globale

Il TAEG rappresenta il costo effettivo dell'operazione espresso in percentuale. Il tasso è un indice sintetico di costo di un'operazione di finanziamento, in quanto racchiude contemporaneamente sia il T.A.N. (Tasso Annuo Nominale), cioè la percentuale di interesse che grava sul prestito, sia le spese di emissione della pratica e della documentazione. Per tale ragione viene anche detto indicatore sintetico di costo e indicato anche con ISC. Il tasso consente di rendere uguali la somma del credito concesso al cliente, con la somma complessiva che il cliente dovrà rimborsare alla scadenza.

Il tasso consente di paragonare il costo di due finanziamenti attraverso il confronto dei loro TAEG. I parametri che rientrano a far parte del calcolo di questo tasso sono la struttura del rimborso finanziario e tutte le spese accessorie obbligatorie inerenti all'atto del finanziamento. Non rientrano invece a far parte dei parametri che incidono sul TAEG le assicurazioni non obbligatorie.

IL REGIME DELLO SCONTO

Definizione di sconto

Una somma a credito può essere realizzata anticipatamente
concedendo uno sconto; lo sconto è il compenso di chi paga un
debito prima della scadenza e anche la differenza sull'operazione di
cessione di un credito.

Nel caso dello sconto si ha il problema contrario dell'interesse, cioè
sapere di poter disporre di una somma ad una certa scadenza futura
e voler calcolare quanto questa somma valga oggi, quindi andare
indietro nel tempo (attualizzare) e non avanti come nella
capitalizzazione. Nelle operazioni di attualizzazione e di sconto la
somma a scadenza ed il suo valore attuale sono dette *sconto*.

Supposto il valore nominale (C), o capitale, che indica l'ammontare
del credito a scadenza, si dice somma scontata, o anche valore
attuale (V), il valore nominale diminuito dello sconto.

La formula che esprime il valore attuale di una somma:

$$V = C - S$$

C = ammontare del credito a scadenza;

V = somma scontata;

S = sconto

Da cui lo sconto è la differenza tra valore nominale e somma scontata:

$$S = C - V$$

Lo sconto può anche essere considerato come un interesse negativo calcolato sulla somma da pagare perché esso viene detratto dalla somma dovuta alla scadenza. Esistono vari tipi di sconto che differiscono tra loro per le diverse modalità di calcolo:

- *lo sconto commerciale*, è proporzionale al capitale da pagare alla scadenza, al tasso e al tempo, non è legato necessariamente ad una operazione di compravendita;
- *lo sconto razionale o semplice*, chiamato anche sconto teorico, è proporzionale al valore attuale, al tasso di sconto e al tempo di anticipo. Quindi la differenza tra sconto commerciale e razionale sta nel fatto che il primo è proporzionale al valore nominale, mentre il secondo è proporzionale al valore attuale;
- *Lo sconto mercantile*, è la riduzione percentuale di prezzo che il venditore concede al compratore. La differenza tra sconto mercantile e lo sconto commerciale sta nel fatto che il primo è legato necessariamente ad una operazione di compravendita

Sconto razionale

E' la somma che si sottrae ad un capitale futuro per renderlo attuale. Il ragionamento di base del regime di sconto razionale è che C rappresenta il montante di V, in capitalizzazione semplice e dunque la formula di base è:

$$C = V(1+dt)$$

da cui

$$V = \frac{C}{(1 + dt)}$$

detta C (valore nominale) la somma a scadenza, V (valore attuale) la somma pagata in anticipo, t il tempo di sconto, d il tasso di sconto.

Questo significa anche che lo sconto di cui si beneficia è pari all'interesse semplice calcolato su V al tasso d per il tempo t.

Sconto commerciale

Lo sconto commerciale è il compenso spettante a colui che paga una somma dovuta prima della scadenza. Lo sconto si determina come interesse calcolato sulla somma da pagare alla scadenza, cioè su quello che chiamiamo valore nominale.

Si applica la formula dello sconto commerciale quando è noto il capitale da pagare a scadenza detto *valore nominale* e si vuole determinare il capitale da pagare oggi, detto *valore attuale:*

$$V = C\ (1 - d\,t)$$

Nella quale d è il tasso e C il capitale che scade fra t anni.

Comunemente, in commercio, nello sconto commerciale si fissa di solito il tasso di sconto d. Dalla formula si desume che lo sconto è proporzionale al valore nominale C e al tempo di anticipazione. Da notare che la formula per il calcolo dello sconto commerciale è del tutto analoga a quella per il calcolo dell'interesse semplice, ma l'interesse si somma al capitale, per determinare la somma che deve essere restituita alla scadenza, lo sconto si sottrae dal capitale, per determinare la somma da pagare prima della scadenza.

Lo sconto commerciale è calcolato sul montante, quindi è più elevato dello sconto finanziario e può essere adottato solo per brevi periodi di tempo.

La procedura dello sconto commerciale è detta irrazionale (per cui è detto anche *sconto irrazionale* in luogo di sconto commerciale). L'irrazionalità è chiara poichè se si applica al valore attuale lo stesso tasso utilizzato per calcolarlo, si ottiene il montante inferiore al valore nominale del credito scontato e nel fatto che lo sconto commerciale ha un limite oltre il quale l'ammontare dello sconto diventa superiore allo stesso capitale determinando un valore attuale negativo.

In luogo dello sconto commerciale si ricorre, per periodi brevi alla sconto razionale e, per periodi più lunghi o per calcoli finanziari complessi, allo sconto composto. Entrambi i tipi di sconti conservano sempre del capitale scontato un valore attuale positivo, per quanto tendente a zero al crescere della durata.

Esempio
Un debito di 12.000 euro da pagare tra 3 anni, quanto viene pagato in meno se viene estinto oggi al tasso del 4%?

$$S = (C\ dt)/100$$

$$S = (12.000 \times 4 \times 3) / 100 = 1.440.$$

Sconto composto

Questo sconto è l'operazione inversa della capitalizzazione composta. Per periodi superiori all'anno, nel caso di capitalizzazione composta, si usa lo sconto composto, calcolato come interesse composto, a un dato tasso d, sulla somma scontata V e dunque la formula di base è:

$$C = V(1+d)^t$$

da cui

$$V = \frac{C}{(1 + d)^t}$$

Che equivale

$$V = C\,(1+d)^{-t}$$

Dalla quale sapendo lo sconto $S = C - V$

$$S = V\,(1 + d)^{-t} - V$$

Questo significa anche che lo sconto di cui si beneficia è pari all'interesse composto calcolato su V al tasso d per il tempo t.
Il fattore *di sconto composto*

$$\frac{1}{(1 + d)^t}$$

permette di trovare la somma scontata V, noto il valore nominale del capitale.

$$V = \frac{C}{(1 + d)^t}$$

Se $d=i$, cioè se il tasso di sconto è pari al tasso d'interesse, e poniamo $C=1$ otteniamo che

$$V = \frac{1}{(1 + i)^t}$$

ovvero

$$V = \frac{1}{f}$$

Da questo si conclude che il fattore di sconto composto è uguale all'inverso del fattore di capitalizzazione composta.

Confronto tra sconti

Se confrontiamo i valori attuali supponendo C=1 dal confronto tra gli sconti:

$$Vcommerciale = 1 - i\,t$$

$$Vrazionale = \frac{1}{1 + d\,t}$$

$$Vcomposto = (1 + dt)^{-t}$$

Si conclude

$$V_{COMMERCIALE} < V_{COMPOSTO} < V_{RAZIONALE}$$

e quindi

$$S_{COMMERCIALE} < S_{COMPOSTO} < S_{RAZIONALE}$$

EQUIVALENZA FINANZIARIA E OPERAZIONI COMPOSTE

Il principio di scindibilità

Secondo questo principio, applicando lo stesso tasso, è indifferente trasferire un capitale nel tempo con una sola operazione o con più impieghi intermedi successivi. Il principio di scindibilità vale per l'interesse composto e lo sconto composto, ma non sono scindibili l'interesse semplice, lo sconto commerciale e lo sconto razionale.

Si abbia, per esempio, un capitale di 10.000 Euro impiegato al tasso del 10% annuo e si voglia calcolare il suo montante dopo 15 anni. Applicando la formula della capitalizzazione composta, si ha

$$M_{15} = 10.000 \ (1,1)^{15} = 41.772,48 \ euro$$

Il montante dopo 4 anni e al 15-esimo anno, risulta:

$$M_4 = 10.000 \ (1,1)^4 = 14.641 \ euro$$

$$M_{15} = M_4 (1,1)^{11} = 10.000 \ (1,1)^4 \ (1,1)^{11} = 10.000$$

$$M_{15} = (1,1)^{15} = 41.772,48 \ euro$$

che coincide con il montante calcolato direttamente.
Quanto detto per il montante vale anche per il valore attuale. Per esempio, sia abbia un capitale di 41.772,48 Euro esigibile fra 15 anni su cui è applicato il tasso del 10% annuo.

Supponiamo che si debba calcolare il suo valore attuale fra 4 anni a partire da oggi; si può procedere in due modi, che portano allo stesso risultato:

a) il valore attuale viene calcolato direttamente scontando il capitale al 4° anno, cioè:

$$VA_4 = 41.772,48 \ (1,1)^{-11} = 14.641 \ euro$$

b) il valore attuale viene calcolato scontando il capitale al tempo zero, cioè oggi, e poi capitalizzando la somma ottenuta per 4 anni:

$$VA_0 = 41.772,48 \ (1,1)^{-15} = 10.000 \ euro$$

$$VA_4 = VA_0 \ (1,1)^4 = 10.000 \ (1,1)^4 = 14.641 \ euro$$

La legge di scindibilità è applicabile soltanto in regime di capitalizzazione composta, quando le varie operazioni sono riferite allo stesso tasso, ma la scindibilità non è applicabile in regime di capitalizzazione semplice.

Esempio si abbia un capitale di 10.000 euro impiegato al tasso del 10% annuo, e si voglia calcolare il suo montante dopo 15 anni. Applicando la formula della capitalizzazione semplice, si ha:

$$M_{15} = 10.000 \ (1 + 0,1 \times 15) = 25.000 \ euro$$

mentre

$$M_{15} = 10.000 \ (1 + 0,1 \times 10) \ (1 + 0,1 \times 5) = 30.000 \ euro$$

I montanti sono differenti, possiamo affermare che la legge della capitalizzazione semplice non è scindibile.

Somme equivalenti

Quando due o più somme, disponibili in tempi diversi, calcolate al tempo t con una stessa legge di sconto e allo stesso tasso, risultano uguali vengono definite equivalenti.

Vuol dire allora che, considerando due capitali C ed M, come epoca di riferimento il tempo t e adottando, ai fini della valutazione, la legge di interesse composto annuo al tasso i,   i due capitali sono equivalenti. In altre parole, risulta indifferente, dal punto di vista finanziario, di disporre del capitale C subito, oppure di M al tempo t.

Esempio

Viene concesso in prestito la somma di 800 euro per la durata di 5 anni, al tasso dell'8%, in cambio di 1.175, 46 dopo 5 anni. Ci si chiede se esista equivalenza finanziaria fra i due capitali, quello di 800 euro e quello di 1.175,46 dopo 5 anni.

Per confrontare i due capitali in senso finanziario, occorre riferire entrambi i capitali a una stessa epoca di riferimento e quindi trasferirvi il capitale di 800 euro. Stabiliamo che l'epoca coincida con la scadenza $t=5$. Determiniamo il montante prodotto dall'investimento di 800 euro, fra 5 anni, al tasso $i=0,08$ e confrontiamolo con il capitale di 1.175,46 euro. Se si utilizza la legge di interesse composto, si ottiene:

$$800 \ (1,08)^5 = 1.1175,46$$

Come si vede, i due valori riferiti al tempo 5 anni coincidono. Vuol dire allora che, prendendo come epoca di riferimento il tempo $t = 5$ e adottando, ai fini della valutazione, la legge di interesse composto annuo al tasso *i*=0,08, i due capitali, quello di 800 euro e quello 1.175,46 euro, dopo 5 anni, sono equivalenti. Possiamo concludere che risulta indifferente, dal punto di vista puramente finanziario, disporre di 800 euro subito, oppure di 1.175,46 euro dopo 5 anni.

Come epoca di riferimento può essere assunta anche un'epoca diversa e, come legge di valutazione utile per rendere confrontabili i capitali, puo` essere usata anche una legge diversa, ad esempio, con trasferimento all'indietro si deve usare una legge di sconto.

Unificazione di più capitali

Si ricorre al regime di unificazione di più interessi quando una persona, disponendo di vari crediti con diverse scadenze, può accordarsi con il debitore o con un terzo per riscuotere i crediti una sola volta. Nei problemi di unificazione di più debiti, a più capitali si sostituisce un capitale unico. Queste operazioni si applicano a crediti a lunga scadenza e si userà l'interesse composto, è essenziale la scelta del tasso in base al quale verranno trasferiti i capitali nel tempo. La soluzione di questi problemi corrisponde alla media aritmetica ponderata dei giorni di scadenza di ciascun capitale in riferimento ad una certa data detta epoca, i capitali costituiscono i pesi nel calcolo di tale media.

Si possono presentare i seguenti casi:

* problemi della *scadenza adeguata,* del quando pagare. Fissata la data dell'unico pagamento, si determina l'importo dell'unico versamento che sostituisce i vari pagamenti;
* problemi della *scadenza comune stabilita*, del quanto pagare. Fissato l'importo dell'unico pagamento, si determina la data (*epoca*) in cui deve essere effettuato l'unico pagamento comune.

La scadenza adeguata

Nei casi in cui il debitore abbia più debiti nei confronti del creditore da pagare in date diverse, può accordarsi per sostituire ai vari capitali un capitale unico di importo prefissato da pagarsi ad una scadenza unica da determinare. Tale sostituzione non deve avvantaggiare nessuno dei due contraenti pertanto la condizione di base deve essere che il capitale unico da sostituire ai vari capitali sia pari alla somma dei capitali stessi per cui: $C = C1 + C2 + C3 + ...$

L'incognita sarà quindi rappresentata dalla ricerca della data (quando pagare) in cui effettuare il pagamento; tale data viene detta *scadenza adeguata (*oppure *scadenza media)* è rappresentata dalla media tra tutte le scadenze dei diversi capitali. Alla data adeguata gli interessi (per i debiti da pagare posticipatamente rispetto alla loro scadenza originaria) e gli sconti (per i debiti da pagare anticipatamente rispetto alla loro scadenza originaria), di importo uguale ma di segno contrario si annulleranno a vicenda.

La scadenza adeguata si calcola determinando la *media aritmetica ponderata* dei giorni che mancano alla scadenza di ciascun capitale, calcolati con riferimento temporalmente alla prima scandenza, che prende il nome di *epoca o data di partenza*. Come epoca si sceglie la data anteriore rispetto a tutte le altre. I giorni si calcolano partendo dall'epoca e sino alla data di scadenza di ciascun capitale. I singoli capitali costituiscono i *pesi* nel calcolo della media.

Il numero medio dei giorni, da aggiungere alla data scelta come epoca, si ottiene con la seguente formula:

$$G = \frac{C_1 \times G_1 + C_2 \times G_2 + C_3 \times G_3}{C_1 + C_2 + C_3}$$

Nella quale

C_1, C_2, C_3 rappresentano i diversi capitali (debito/credito),

G_1, G_2, G_3 il numero dei giorni compresi nell'intervallo tra l'epoca (data di partenza) e la scadenza del singolo capitale (data di arrivo).

Esempio

L'azienda Company spa ha i seguenti debiti nei confronti del fornitore

Capitali	Scadenze
4.000	10/09
12.000	30/09
6.000	25/10
15.000	20/11
37.000	

Tra debitore e creditore viene concordano il pagamento della somma dei debiti ad una scadenza da stabilirsi.

I passaggi per sviluppare il problema:

1. si scrivono i capitali in ordine di scadenza;
2. si fissa come epoca la data di scadenza del primo capitale;
3. per ciascun capitale si calcolano i giorni che vanno dall'epoca alla scadenza del medesimo;
4. si calcolano i numeri (c×g);
5. si dividono i Numeri per la somma dei capitali;

Ricerca della scadenza adeguata:

$$g = \frac{1.575.000}{37.000} = 43$$

Sommando i giorni al'eopoca si ottine

$$10/9 + 43 \text{ giorni} = 23/10$$

Capitali	Scadenze	Giorni	Numeri
4.000	10/09	Epoca	
12.000	30/09	20	240.000
6.000	25/10	45	270.000
15.000	20/11	71	1.065.000
37.000			**1.575.000**

La scadenza comune stabilita

I problemi di scadenza comune stabilita consistono nel determinare l'importo dell'unico capitale da versare a una data prefissata in sostituzione di più capitali aventi diverse scadenze.
La scadenza comune stabilita può essere:
- anteriore alle scadenze di tutti i capitali: in tal caso viene calcolato lo sconto commerciale, che viene sottratto dal totale dei capitali;
- posteriore alle scadenze di tutti i capitali: in tal caso si deve calcolare l'interressse, che viene aggiunto al totale dei capitali;
- intermedia alle scadenze dei vari capitali: in tal caso si calcola lo sconto sui capitali con scadenza posteriore e l'interesse sui capitali con scadenza anteriore. Sconti e interessi si compensano tra loro e la differenza viene tolta dal totale di capitali (se

prevalgono gli sconti) oppure sommata (se prevalgono gli interessi).

Esempio

L'azienda Company spa ha assunto verso il fornitore i seguenti debiti, derivati da acquisti con pagamento differito:

4.380 scadente il 6 maggio;

8.760 scadente il 10 giugno;

6.750 scadente il 15 luglio.

L'azienda ha raggiunto con il fornitore un accordo per estinguere i tre debiti con un unico pagamento da effettuare in data 30 aprile, in base al tasso del 4,50%. Si determini l'importo che la Company spa deve pagare alla scadenza comune stabilita del 30 aprile, applicando il procedimento dell'anno civile.

Svolgmento

La scadenza comune stabilita è anteriore alle scadenze di tutti i debiti, i sigoli debiti devono essere trasferiti indietro nel tempo mediante calcoli di sconto:

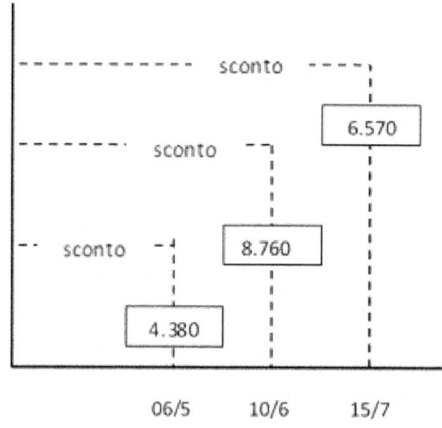

Costruiamo una tabella in cui vengono indicati:

- nella prima colonna, gli importi dei singoli capitoli;
- nella seconda colonna, le scadenze originarie di ogni capitale;

- nella terza colonna i giorni che vanno dalla scadenza comune stabilita alle scadenze effettive di ogni capitale. I giorni di anticipato pagamento (danno luogo a sconti) sono preceduti dal segno (-), i giorni di pagamento posticipato (danno luogo a interessi) sono preceduti dal segno (+);
- nell'ultima colonna i numeri, pari al prodotto dei capitali per i rispettivi giorni. I numeri che esprimono sconti sono contrassegnati col segno (-), quelli che esprimono interessi con il segno (+).

Nella seguente tabella sono riportati solo i giorni di anticipato pagamento, per tanto vi sono solo i numeri di sconto:

Capitali	Scadenza	Giorni	Numeri
4.380,00	6-magg	-6	-26.80
8.760,00	10-giu	-41	-359
6.570,00	15-lug	-76	-449,320
19.710,00			-884,760

$$\text{Sconto} \quad = \quad \frac{884.760 \times 4,50}{36.500} \quad = \quad 109,08$$

Importo da pagare il 30 aprile =   19.600,92 €

Il capitale unico di euro 19.600,92 che la Company deve versare il 30 aprile in sostituzione dei tre debiti è inferiore alla somma dei debiti stessi (euro 19.710), ciò perché, effettuando il pagamento in anticipo, l'azienda beneficia di uno sconto.

Esempio di scadenza comune intermedia

L'azienda Company spa ha assunto verso il fornitore i seguenti debit, derivanti da acquisti con pagamento differito:

euro 4.380 scadente il 6 maggio;

euro 8.760 scadente il 10 giugno;

euro 6.750 scadente il 15 luglio.

Viene raggiunto con il fornitore un accordo per estinguere i tre debiti con un unico pagamento da effettuare in data 20 giugno, in base al tasso del 4,50%. Determinare l'importo che la Company spa deve versare alla scadenza comune stabilita del 20 giugno, applicando il procedemento dell'anno civile.

Svolgimento

La scadenza comune stabilita è intermedia alle scadenze dei singoli debiti. I primi due debiti (estinti dopo le scadenze originarie) devono essere trasferiti in avanti nel tempo con il cacolo degli interessi; l'ultimo debito, invece, rimborsato prima della scadenza originaria, va trasferito indietro nel tempo con il calcolo dello sconto.

Lo schema è il seguente:

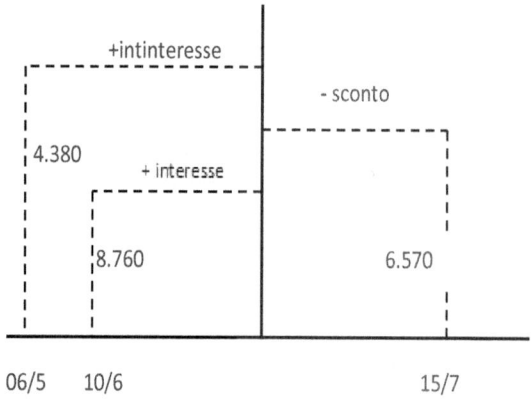

In questo caso vengono conteggiati i giorni di posticipato e di anticipato pagamento.

Nella tabella vi saranno sia numeri di interesse, sia numeri di sconto:

Capitali	Scadenze	Giorni	Numeri
4.380,00	6-mag	+45	+197.100
8.760,00	10-giu	+10	87.600
6.570,00	10-lug	-25	-164.250
19.710,00			+120.450

$$\text{Interesse} = \frac{120,450 \times 450}{35.500} = 14,85$$

Importo da pagare il 20 giugno = 19.724,85 €

Essendo i numeri di interesse maggiori di quelli di sconto, sulla somma algebrica dei numeri abbiamo calcolato un interesse, che è stato aggiunto alla scadenza comune stabilita del   20 giugno.

Esempio (scadenza adeguata)
L'azienda Company spa ha assunto nei confronti del suo fornitore più debiti differenti, rappresentati dalle seguenti fatture:

euro 2870 scadenza 9 giugno;   euro 4.080 scadenza 5 agosto;

euro 6.310 scadenza 4 giugno;   euro 5.215 scadenza 26 agosto.

Si conviene l'estinzione del debito con un importo unico Determiniamo il giorno in cui deve essere effettuato il pagamento.
Svolgimento
Per effettuare i calcoli, predisponiamo una tabella in cui sono indicati, nell'ordine:

- i singoli capitali;
- le rispettive scadenze;
- i giorni, calcolati con il procedimento dell'anno civile, dall'epoca a ciascuna scadenza;
- i numeri, dati dal prodotto dei capitali per i giorni.

Capitali	Scadenze	Giorni	Numeri
2.870,00	09-giu	epoca	
6.310,00	04-lug	25	157.750
4.080,00	05-ago	57	232.560
5.215,00	26-ago	78	406770
18.475,00			797.080

Dividendo il totale dei numeri per la somma dei capitali, si ottiene il numero dei giorni da aggiugere all'epoca (9 giugno) per determinare la scadenza adeguata:

$$g = \frac{797.080}{18.475} = 43,14 \quad \text{che arrotodiamo a 43 giorni}$$

9 giugno (epoca) + 43 (giorni) = 22luglio (scadenza adeguata)

L'azienda Company spa regola tutti i debiti nei confronti del suo creditore versando a saldo euro 18.475 in data 22 luglio.

LE RENDITE

Definizione

Una rendita finanziaria è una successione, limitata o illimitata, di pagamenti positivi periodici, detti *rate* o *termini* della rendita, da riscuotere (o da pagare) in epoche differenti, chiamate *scadenze*, ad intervalli di tempo determinati.

Gli elementi che individuano una rendita:

- la *rata,* importi periodici da riscuotere (o da pagare) alla scadenza;
- la *scadenza*, il momento all'interno di un intervallo di tempo in cui viene riscossa (o pagata) la rata;
- il *numero di rate totali*;
- *periodo della rendita*, l'intervallo di tempo constante in cui si succedono i capitali (mese, trimestre, semestre, anno);
- *Il montante*, la somma dei montanti nel periodo tra la scadenza di ciascun di essi fino alla scadenza dell'ultimo. Se il valore della rendita viene calcolato in epoca anteriore a tutte le scadenze, o coincidente con la prima di esse, si parla di valore attuale della rendita. Se il valore della rendita viene calcolato in epoca posteriore a tutte le scadenze, o coincidente con l'ultima di esse, si parla di montante della rendita.

  In generale per i calcoli del valore attuale si usano le formule dell'interesse composto e dello sconto composto.
- il *valore di una rendita*, ad una certa data è la somma dei montanti, calcolati a quella data, delle varie rate della rendita. In

generale per i calcoli del montante si usano le formule dell'interesse composto e dello sconto composto.

- *Il valore attuale della rendita* si intende la somma dei valori attuali delle rate della rendita, è ritenuto finanziariamente equivalente alla rendita.

- *La scadenza media* di una rendita è il tempo in cui il valore della rendita è uguale alla somma dei termini della rendita, o anche il tempo in cui i montanti fino a quel tempo sommati ai valori attuali dei restanti periodi danno un valore uguale alla somma dei termini della rendita.   La scadenza media non dipende dal tasso ed è calcolata come la media aritmetica ponderata delle scadenze date con i pesi pari ai rispettivi termini della rendita.

Le tipologia delle rendite

Le rendite possono essere:
- *rendite certe*: quando il pagamento delle rate non è subordinato al verificarsi di eventi di incerto accadimento, sono fissate a priori nel numero, ammontare e epoche;
- *rendite aleatorie*: quando le rate non sono fissate a priori nel numero, ammotare e epoche.

In riferimento al tempo distinguiamo:
- *costanti*: qando le rate della rendita sono di uguale valore;
- *unitarie*: se le rate hanno ammontare unitario;
- *variabili*: quando le rate della rendita non hanno uguale valore:
- *periodiche*: quando le scadenze delle rate si succedono ad intervalli constanti, l'intervallo costante tra una rata e l'altra è detta periodo;
- *anticipate*: quando il pagamento della rata avviene al momento iniziale di ogni periodo;

- *posticipate*: quando il pagamento della rata avviene alla fine di ogni periodo.
- *temporanee*: il numero delle rate è prefissato;
- *perpetua*: quando la rendita ha un numero infinito di rate. Il suo valore attuale si ottiene come limite per n tendente all'infinito del valore attuale della rendita dello stesso tipo avente n termini. Non è possibie determinare il montante poiché questo ha un valore infinito per definizione.

Relazione tra le grandezze di una rendita

Si consideri la formula che permette di calcolare il valore attuale di una rendita (R) con rata costante, posticipata:

$$V = R \ \frac{(1 + i)^{-n}}{I}$$

La formula mette in relazione le quattro grandezze: il valore attuale (V), la rata R, la durata n, ed il tasso di interesse. Dalla formula, se si conoscono tre grandezze è possible determinare la quarta.

Valore di una rendita

Quando si vuole determinare il valore di una rendita ad una data prefissata iniziale o intermedia o finale, si possono utilizzare formule sintetiche, esaminate di seguito.
Rappresentiamo la rata sull'asse dei tempi, come segue:

Nella quale

R indica l'importo della singola rata;

0 indica la scadenza della prima rata;

1 indica la scadenza della seconda rata;

$n-1$ indica la scadenza dell'ultima rata (n-esima);

Consideriamo che la periodicità sia di un anno, in questo caso l'asse dei tempi riporta n anni, con cadenza annuale della rata costante.

Esaminiamo quattro epoche di valutazione:

    a) montante alla scadenza dell'ultima rata: questo equivale a considerare la rendita posticipata

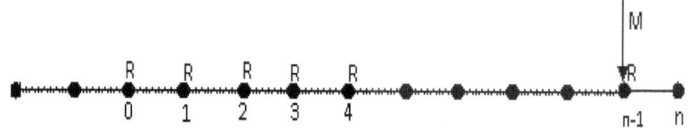

    b) montante un periodo dopo l'ultima rata: questo equivale a considerare la rendita anticipata:

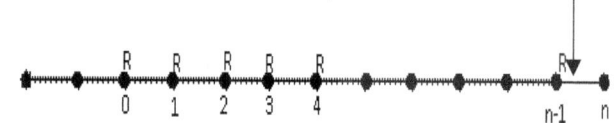

    c) valore attuale un periodo prima della prima rata: questo equivale a considerare la rendita posticipata

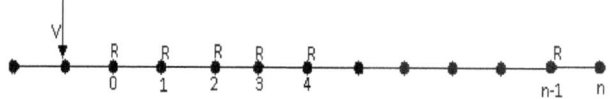

    a) valore attuale alla scadenza della prima rata: questo equivale a considerare la rendita anticipata

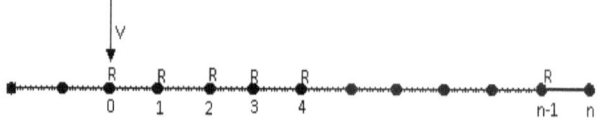

Nel primo caso: si devono capitalizzare le varie rate. Partendo dall'ultima, come indicato nella figura seguente:

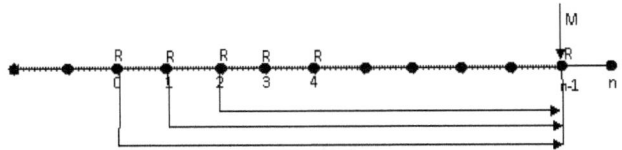

Dallo schema risulta evidente che la prima rata, versata alla fine del primo periodo, resta depositata per $(n-1)$ periodi ed il montante risulterà quindi uguale a $(1+i)^{n-1}$.

La seconda rata, versata alla fine del secondo periodo, resterà depositata per $(n-2)$ periodi, il montante è dato da $(1+i)^{n-2}$.

La terza risulta $(1+i)^{n-3}$, e così via.

La penultima rata resterà impiegata per un solo periodo e quindi il suo montante è $(1+i)$.

L'ultima rata, versata al termine dell'ultimo periodo, non frutterà alcun interesse.

Esprimendo in formula quanto detto:

$$M = R + R\,(1+i) + R\,(1+i)^2 + R\,(1+i)^3 + \ldots + R\,(1+i)^n$$

Questa è la somma di n termini di una progressione geometrica, avente R come primo elemento e $(1+i)$ come ragione, si semplifica:

$$M = R\,\frac{(1+i)^n - 1}{(1+i) - 1} = R\,\frac{(1+i)^n - 1}{i}$$

Nel secondo caso il montante è:

$$M = R\,\frac{(1+i)^n - 1}{i}\,(1+i)$$

51

Nel terzo caso il valore attuale si ottiene scontando il montante per n anni:

$$V = R \; \frac{(1 + i)^n - 1}{i} \; (1 + i)^n \; = \; R \; \frac{1 - (1 + i)^{-n}}{i}$$

Nel quarto caso il valore attuale è:

$$V = R \; \frac{1 - (1 + i)^{-n}}{i} \; (1 + i)$$

Si ricordi che la rendita è periodica, il tasso deve essere conforme alla periodicità della rata, ma il numero di rate, quindi di periodi, non può variare.

Esempio
Viene dato in affitto un immobile il 1 di maggio di quest'anno. L'affito riscosso mensilmente all'inizio di ogni mese è di € 350, lasciato in deposito presso una banca al 1,2% annuo. Quale somma sarà capitalizzata alla fine di quest'anno?
Svolgimento
Risoluzione: la rendita è mensile, quindi è necessario convertire il tasso annuo in mensile, poi calcolare il montante un mese dopo la scadenza dell'ultima rata.
Le rate sono 8 (da maggio a dicembre compresi), quindi:
$i_2 = (1,012)^{-2} - 1 = 0,005982107\ldots$

$$M = 350 \; \frac{(1 + 0,005982107)^8 - 1}{0,005982107}$$

$$M = 2876,43 \text{ euro}$$

Esempio

Viene concesso un prestito di € 40000 da rimborsare al tasso del 5% annuo in 7 anni, con rata costante alla fine di ogni anno. Stabilire l'importo della rata?

Svolgimento

il tipo di ammortamento indicato (a rata costante) si dice progressivo o francese. Il debito iniziale rappresenta il valore attuale delle rate, calcolato un periodo (un anno) prima del primo versamento:

$$V = R \ \frac{1 - (1 + i)^{-n}}{i}$$

Sostituendo i valori

$$V = 40000 = R \ \frac{1 - (1 + 0{,}05)^{-7}}{0{,}05}$$

Da cui

$$R = 6912{,}79 \text{ euro}$$

Esempio

Una rendita di rata trimestrale, dura 6 anni, produce un montante di €14500 all'atto dell'ultimo versamento. Sapendo che rende il 2% annuo nominale convertibile trimestralmente, calcoliamo l'importo di ogni rata.

Svolgimento

il tasso è j=0,02 quindi $i = 0{,}005$; le rate trimestrali in 6 anni sono 24; conosciamo il montante, possiamo scrivere la seguente uguaglianza:

$$14500 = R \; \frac{(1 + 0,000)^{24} - 1}{0,005}$$

Da cui

$$R = 570,15 \text{ euro}$$

Esempio

Una rendita di rata € 2875 annua, al tasso dello 0,6% annuo, ha dato un montante di € 73977,25 alla scadenza dell'ultima rata. Calcoliamo il numero delle rate.

$$73977,25 = 2875 \; \frac{(1 + 0,006)^{n} - 1}{0,006}$$

Da cui

$$1,006^{n} = 1,154387304$$

Risolvendo

$$n \log 1,006 = \log 1,154387304$$

quindi n = 24

COSTITUZIONE DI UN CAPITALE

Definizione

Con il termine costituzione di un capitale si definisce l'insieme delle attività finanziarie necessarie per poter disporre di una somma a una certa data di scadenza futura.

La costituzione di un capitale viene classificata in base a:

1. numero di versamenti in riferimento alla due modalità temporali:
   - versamento unico inziale: costituzione in una sola volta;
   - versamento periodici: solitamente a rate costanti.
2. Le epoche di pagamento:
   - versamenti posticipati: il capitale S da costituire si renderà disponibile all'atto in cui si effettuerà l'ultimo versamento;
   - costituzione con versamenti anticipati: il capitale S da costituire si renderà disponibile un periodo dopo l'ultimo versamento.

Gli elementi del calcolo sono:

- il capitale (S) che si vuole costituire all'epoca futura (t) tramite un unico versamento (R), corrispondente all'investimento iniziale, che corrisponde al montante di R in t;
- il tasso di interesse periodale, detto anche tasso di costituzione (i), il tasso di frutto può essere mantenuto costante per tutta la durata dell'operazione o può essere soggetto a variazioni.

Costituzione mediante unico versamento

Nel regime di capitalizzazione semplice il capitale costituito viene determinato come segue:

$$S = R (1 + it)$$

nel regime di capitalizzazione composta (convenzione esponenziale):

$$S = R (1 + i)^t$$

Questo tipo di problemi di costituzione di un capitale, in generale, investono un arco di tempo poliennale, è ovvio che l'applicazione più frequente è il regime di capitalizzazione composta.

Se si volesse conoscere, ad un dato tempo k ($0 < k < t$) intermedio alla durata, il fondo che si trova costituito a quella data (e che indichiamo con F_k), basta trovare il montante al tempo k dal versamento iniziale compiuto, si avrà:

$$F_k = R(1 + ik) \ \text{in regime di capitalizzazione semplice}$$

$$F_k = R (1 + i)^k \ \text{in regime di capitalizzazione composta}$$

Nel caso di variazione del rendimento di impiego prevista al momento della costituzine del capitale bisogna determinare l'importo dell'investimento iniziale tenendo conto delle variazioni che il tasso di costituzione potrà subire nel periodo. Il tempo di costituzione dovrà essere scomposto nelle varie parti aventi ciascuna il proprio tasso di interesse e quindi bisogna considerare il capitale S da costituire come montante globale dei vari investimenti successivi a tasso diverso.

Esaminiamo, per ovvietà, solo il caso di regime di capitalizzazione composta.

Supponiamo che la durata debba scomporsi in tre parti di cui, la prima della durata t_1 al tasso i_1, la seconda t_2 al tasso i_2 e la terza t_3 al tasso i_3 (naturalmente è $t_1 + t_2+ + t_3 = t$). Volendo determinare l'importo dell'investimento iniziale (R) per costituire il capitale (S) al termine del tempo (t), osserviamo che questo altro non è che la somma dei montanti maturati al termine del primo periodo t_1, del secondo periodo t_2 e del terzo periodo t_3. Deve perciò essere:

$$S = R \ (1 + i_1)^{t1} \ (1+ i_2)^{t2} \ (1 + i_3)^{t3}$$

Da cui

$$R = S(1+i_1)^{-t1} \ (1+ i_2)^{-t2} \ (1+i_3)^{-t3}$$

Nel caso in cui ci siano delle variazioni non previste del tasso di costituzione, se il tasso subisce una diminuzione occorrerà determinare l'importo del versamento suppletivo che bisognerà effettuare per compensare la diminuzione di rendimento. Supponiamo che la variazione si verifichi al tempo h ($h < t$) e che il nuovo tasso sia i_h ($i_h < i$). Il versamento suppletivo da effettuare al tempo h e che indicheremo con R_h sarà rappresentato dalla differenza tra il fondo costituito ed il valore attuale di S scontato per il tempo $t-h$ in base al nuovo tasso i_h. In questo caso:

$$R_H = S\ (1+i_h)^{t-h} - R(1 + i)^h$$

Nel caso il tasso di interesse subisca un incremento, allora si potrà beneficiare, alla fine del periodo, di un capitale maggiore oppure si potrà abbreviare la durata di impiego.

Esempio

Si vuole disporre di 100.000 euro dopo 5 anni dal versamento iniziale, con tasso al 4.56% in capitalizzazione composta, il versamento iniziale risulta:

$$R = \frac{100.000}{(1 + 0,0456)^5} = 80.015,13$$

Costituzione mediante versamenti periodici

In questo caso la formazione del capitale avviene mediante una successione di versamenti periodici e quindi il capitale da costituire è rappresentato dal montante finale di quella successione, cioè di quella rendita. I versamenti periodici e il tasso di costituzione possono essere costanti o variabili. Nel caso di rate variabili, dovrà essere stabilita il regime secondo cui esse variano. Nella pratica più frequentemente l'importo della rata è costante e viene effettuata come nel caso delle rendite. Qundo le rate sono costanti e anticipate, l'importo della rata va ricavato dalla:

$$R \sum_{t=1}^{n}(1 +i)^t = S$$

Vale a dire la somma S viene costituita un periodo dopo l'ultimo versamento.

Se le rate sono posticipate, si ha l'equazione:

$$R \sum_{t=0}^{n-1} (1 + i)^t = S$$

vale a dire la somma S viene costituita all'atto dell'ultimo versamento.

Nel primo caso si dice che R è la rata annua anticipata per la costituzione della somma S in n anni; nel secondo caso si dice che R è la rata annua posticipata per la costituzione della somma S in n anni. La tavola dei valori di R è detta *tavola della rata* di costituzione del capitale.

Il piano di costituzione

Nel caso di costituzione di un capitale mediante versamenti periodici si rende necessario redigere un *piano di costituzione*. Si tratta di un prospetto che serve ad evidenziare il modo in cui l'operazione di costituzione si svolge nel tempo. Nel piano vengono registrati per ciascun periodo rateale:

- l'importo dei versamenti, nel caso di rate costanti è uguale per tutti periodi;
- il fondo che risulta costituito alla fine di ciascun periodo;
- gli interessi maturati nel periodo stesso.

Al termine dell'ultimo periodo l'importo del fondo dovrà coincidere con quello che si vuole formare.

Durante la costituzione del piano può verificarsi una variazione nel tasso di rendimento, in questo caso occore provvedere alle seguenti modifiche:

- modifica delle ulteriori rate da versare in modo da avere, disponibile alla scadenza, il capitale prefissato;
- modifica del capitale da costituire;
- modifica del numero delle rate.

In questi casi si rende necessario determinare il fondo costituito al momento della variazione del tasso, determinare il montante di detto fondo alla scadenza della costituzione del capitale in base al nuovo tasso di rendimento e calcolare la differenza fra questo ed il capitale da costituire. Dopo di che si tratta di reimpostare il problema della costituzione relativamente alla differenza di capitale determinata in base al nuovo tasso.

AMMORTAMENTO DI UN DEBITO

Definizione

L'ammortamento di un debito si intende le modalità di rimmborso di un prestito. La stipula di un prestito avviene tra due soggetti il mutuante e il mutuatario, che una volta accordatisi sulla somma del prestito, stabiliscono le modalità di rimborso del prestito e di calcolo dell'interesse (il tasso).

La somma che il mutuante (o debitore) dovrà rimborsare è data da due componenti: il capitale preso a prestito e gli interessi sul capitale.

Esempi di prestito sono il mutuo per l'acquisto di un immobile, il credito al consumo.

L'insieme delle speciche relative ai tempi di rimborso del capitale e al pagamento degli interessi definisce il *piano di rimborso* o di ammortamento del prestito.

Esistono due modalità di rimborso di un prestito: il rimborso globale e il rimborso graduale. In generale si intende per amortamento solo il caso di rimborso graduale.

Il *rimborso globale* prevede che il debitore paga in una sola volta a una scadenza prefissata il capitale e gli interessi.

Esiste una variante il *rimborso globale con pagamento periodico degli interessi* nella quale il debitore paghi periodicamente gli interessi sul debito e, alla data prefissata, l'intero capitale.

Il *rimborso graduale* prevede che il debitore paghi periodicamente sia gli interessi sia una parte del capitale preso in prestito. Del rimborso graduale si distinguono due diverse forme:

- ammortamento a quote costanti di capitale (uniforme);
- ammortamento a rata costante (progressivo).

Rimborso globale di una somma

In questo caso viene prestata una somma S a un tasso di interesse i per un periodo della durata n, il debitore pagherà, alla scadenza, il montante (M) dato dalla formula

$$M = S (1 + i)^n$$

In qusto caso il mutuante deve rimborsare con unica rata l'intera somma; per tale motivo risulta poco diffusa nella pratica.

Rimborso graduale di un prestito

In questo caso il debitore paga periodicamente, oltre agli interessi anche una parte del capitale preso in prestito.

La rata pagata dal mutuario (*rata ammortamento*) è costituita da due parti:

- la quota interessi per pagare l'interesse sul debito in quel periodo;
- la quota capitale necessaria per rimborsare una parte del debito.

La parte del debito già rimborsato è detto *debito estinto*, il debito che deve essere ancora riborsato *debito residuo*. Solo le due quote capitale vanno ad estinguere il debito.

Riferimenti bibliografici

www.engineering.jhu.edu
www.analisiaziendale.it
www.calcoliecalcoli.com
www.ecdoe.gov.za
www.calcoliecalcoli.com
www.venus.unive.it
www.mariosandri.it
www.whymatematica.com
www.unirc.it
www.itcgruffini.eu
www.bankpedia.org
www.agrsci.unibo.it
www.lezionidimatematica.net
ammortamentofrancese.altervista.org
www.uniba.it
www.slideshare.net
www.cdn2.scuolabook.it
www.istitutotilgher.eu
www.itcgruffini.eu
www.unive.it
www.skuola.net
www.it.wikipedia.org
www.apav.it
www.econoca.unica.it
www.macosa.dima.unige.it
Matematica finanziaria – Alpha Test
www.venus.unive.it

Note

[i] Per approfondire il significato di percentuale consultare il volume di Matematica e Amministrazione dello stesso autore.

www.ingramcontent.com/pod-product-compliance
Lightning Source LLC
Chambersburg PA
CBHW061203180526
45170CB00002B/941